LE FUMIER

LES ENGRAIS MINÉRAUX

ET LA

CULTURE MARAICHÈRE

PAR

J. FOUSSAT

chef des travaux horticoles à l'École pratique d'agriculture Mathieu de Dombasle

membre de la Société nationale d'horticulture de France

PARIS

IMPRIMERIE C. PARISET

101, RUE DE RICHELIEU, 101

1897

AVANT-PROPOS

LES ENGRAIS MINÉRAUX ET LA CULTURE MARAICHÈRE

Jusqu'ici l'emploi des engrais minéraux a été extrêmement restreint en horticulture et principalement en culture maraîchère. Le fumier d'écurie ou d'étable est pour ainsi dire le seul engrais appliqué couramment dans les jardins *potagers et maraîchers.*

M. L. Grandeau a depuis plusieurs années appelé l'attention des jardiniers et des horticulteurs sur l'importance des engrais minéraux, phosphates de chaux, nitrate de soude, sels potassiques, pour la fumure des jardins.

Il a montré l'insuffisance du fumier de ferme, même aux doses énormes où l'emploient les maraîchers, pour l'obtention de rendements élevés, étant donnée la succession ininterrompue sur le même sol de légumes dont les exigences en matières minérales sont en même temps considérables et très différentes d'un légume à l'autre. (1)

(1) *La Fumure des champs et des jardins*, 5e édition, page 49 et suivantes, Librairie du Temps, 5, boulevard des Italiens, et Librairie agricole, 26, rue Jacob, Paris.

Les essais culturaux entrepris en Angleterre, par MM. Bernard Dyer et Schrivell en 1894 et continués en 1895 et 1896, ont montré de quels succès est pour la culture maraichère l'emploi du nitrate de soude associé aux phosphates et aux sels de potasse. (2)

Je me suis proposé d'étudier comparativement l'acion du fumier consommé (terreau et du nitrate de soude sur la production des légumes, dans un sol riche en acide phosphorique et en potasse. Les résultats de mes expériences, au cours de l'année 1896, sont indiqués dans les pages suivantes. Ils confirment pleinement les assertions de M. L. Grandeau et les faits constatés par MM. Dyer et Schrivell. J'espère être utile aux jardiniers et aux maraichers en les soumettant à leur attention.

J. FOUSSAT.

(2) Voir le compte rendu de ces expériences que M. L. Grandeau a publié dans le *Journal d'Agriculture pratique* (avril 1895).

LA CULTURE MARAICHÈRE

LES ENGRAIS MINÉRAUX

ET LE

NITRATE DE SOUDE

I. Le nitrate de soude employé dans la culture des légumes. — Ses effets comparés à ceux du terreau.

Les expériences ont été entreprises dans le but de rechercher l'influence que pouvait avoir une dose déterminée de terreau, correspondant à une forte fumure, comparée à celle qu'exercerait dans les mêmes conditions, 100, 200, 300 kilos de nitrate de soude à l'hectare. En d'autres termes, ces expériences sur la culture des légumes ont été faites en vue de préciser, autant que cela serait possible, la dose de nitrate capable d'être substituée utilement à une certaine quantité de terreau dans la culture de diverses espèces de légumes. Le sol sur lequel ont été faites les expériences est situé à Tomblaine, près Nancy, au lieu dit au Prarupt, à l'embranchement des routes de Saulxures et de Bosserville. L'analyse en a été faite au laboratoire agronomique de la Station de Nancy. Les résultats suivants ont été consignés sur le bulletin d'analyse :

	Pour 1.000	
Cailloux (calcaires)	124 gr.	25
Terre fine	875	75
Chaux	1	372
Azote	1	20
Acide phosphorique	1	756
Potasse	1	751

Il ressort de cette analyse que le sol sur lequel ont été faites les expériences est riche en éléments fertilisants, azote, acide phosphorique et potasse. La chaux y est peut-être en proportion un peu faible pour permettre une nitrification active. Mais, malgré cela, le sol se présente avec une composition qui permet d'affirmer que tous les principaux légumes peuvent y prospérer dans des conditions excellentes, sans aucun apport d'engrais.

A mon avis, ce sont là des conditions excellentes pour des recherches du genre de celles que nous avons entreprises.

Voici maintenant la composition du terreau qui nous a servi d'engrais comparativement avec le nitrate :

	Pour 1.000
Cailloux (calcaires)	147
Terre fine	853
Chaux	3,136
Azote	4,70
Acide phosphorique	5,164
Potasse	4,318

Enfin, le nitrate de soude employé a présenté à l'analyse la composition centésimale suivante :

Azote nitrique........................	15,656
Correspondant à nitrate pur.......	95,05

Maintenant, voyons comment les expériences ont été conduites.

Chaque espèce de légumes mise en expérience était cultivée de la manière suivante :

Elle occupait un are, divisé en cinq parcelles, d'une contenance égale à vingt mètres carrés. Chaque parcelle était séparée de sa voisine par un sentier de trente centimètres de largeur.

La 1re parcelle réservée comme témoin ne recevait rien.
La 2e recevait 60 kil. terreau (dose 30,000 kil. à l'hectare).
La 3e — 200 gr. nitrate (100 kil. nitrate —
La 4e — 400 gr. nitrate (200 kil. nitrate —
La 5e — 600 gr. nitrate (300 kil. nitrate —

A l'exception des parcelles consacrées à la culture des radis, les engrais ont été appliqués de la manière suivante, après un labour exécuté à la bêche dans d'excellentes conditions.

1re parcelle. — Rien.

2e parcelle. — 60 kilos terreau, le jour même du semis ou de la plantation. Cette quantité de terreau répartie uniformément sur la parcelle était mélangée au sol par de vigoureux coups de *fourche crochue.*

3e parcelle. — 200 grammes nitrate (1).

4e parcelle. — 400 grammes nitrate.

5e parcelle. — 600 grammes nitrate.

---

(1) Au moment du semis ou de la plantation la moitié de ces doses de nitrate, soit 100, 200, 300 gr., était mélangée très intimement au sol, au moyen de la fourche crochue.

Les autres doses ont été appliquées plus tard, lorsque la végétation des légumes laissait supposer que le moment était opportun. Pour les dates, voir les tableaux spéciaux à chaque récolte.

Quant aux époques des semis ou des plantations, on les trouvera au tableau correspondant à chaque espèce ou variété.

Il en est de même des particularités observés et que j'ai cru devoir consigner, pour celles du moins qui m'ont paru avoir de l'intérêt.

On trouvera aussi à cette place, pour les espèces qui ont été affectées par les influences atmosphériques du printemps, quelques détails sur les difficultés qui se sont présentées et les dispositions que j'ai dû prendre, soit pour les surmonter, soit au contraire pour en atténuer les effets.

II. Considérations sur les principaux phénomènes métérorologiques observés pendant cette période d'expériences.

La période particulièrement profitable aux semis ou aux plantations nouvellement faits, est sans contredit celle qui se présente avec des caractères de température et d'humidité favorables à la croissance des plantes, toujours délicates lorsqu'elles viennent d'être confiées au sol. Au contraire, lorsque les plantes ont acquis un certain développement, que leur système radiculaire pénètre à de plus grandes profondeurs, les mauvaises périodes de température, de régime des vents et de pluies leur sont moins préjudiciables ; elles résistent plus efficacement à toutes les intempéries.

L'année 1896, dans la Lorraine, marquera sa place parmi celles qui ont donné lieu à beaucoup de difficultés pour l'exécution des semis. Au printemps, à partir des mois de mars-avril, le moment devient opportun pour exécuter les semis d'un grand nombre de graines. En année normale, le sol pendant ces deux mois de l'année contient généralement de l'eau en suffisante quantité pour permettre la germination des graines, sans compter qu'il y a toujours quelques pluies qui maintiennent la surface du sol humide. Mais ces conditions ne peuvent vraiment être profitables que si la température est suffisamment élevée pour permettre aux graines de germer *rapidement ;* sans quoi, les plantes toutes jeunes sont susceptibles d'être dévorées par les insectes, ou bien desséchées entre deux terres sans qu'on puisse s'en apercevoir. C'est ce qui s'est présenté au mois de mars : 8° comme moyenne de température, et au mois d'avril : 8° 51. Pendant le mois d'avril, les fréquentes giboulées n'ont pas peu contribué à refroidir la surface du sol et à entraver considérablement la levée des graines.

Enfin, malgré tout, on pouvait supposer que les graines germeraient et que les plantes n'auraient que quelques jours de retard. Mais la fin du mois d'avril et tout le mois de mai ont été caractérisés par des vents du nord et du nord-est qui ont achevé de ruiner toutes les espérances qu'on pouvait avoir, car les arrosages les plus fréquents ne produisaient aucun effet, l'eau projetée sur le sol étant évaporée aussitôt. C'est cette période de temps qui m'a particulièrement inquiété et qui a présenté les difficultés que j'ai été assez heureux de surmonter.

Ces conditions météorologiques produisaient, on le croira sans peine, de grandes anxiétés parmi les cultivateurs.

L'eau fournie par les pluies a donné au pluviomètre des hauteurs de :

Mars......	137 m/m avec	8°2	de température	moyenne
Avril......	45 m/m avec	8°5	—	—
Mai........	3 m/m avec	13°	—	—
Juin......	50 m/m avec	17°	—	—
Juillet.....	84 m/m avec	18°85	—	—
Août......	33 m/m avec	16°3	—	—
Septembre	141 m/m avec	15°	—	—
Octobre...	151 m/m avec	9°	—	—

Le mois d'avril et le mois de mai ont été caractérisés par des vents qui ont soufflé presque continuellement du nord-est. J'ajoute, à l'actif du mois de mai, la gelée du 23 qui a complètement arrêté la végétation des pommes de terre, bien que cette gelée n'ait pas été très forte.

Le mois de juin a eu une température toujours

assez élevée, et la pluie qui est tombée a été suffisante pour maintenir les plantes dans un bon état de végétation.

Le mois de juillet, malgré la chaleur quelquefois excessive (plusieurs fois la température ayant dépassé 30°), n'a rien produit d'anormal parce que les plantes à cette époque étaient hors de danger.

Si le mois de juillet a été chaud, nous ne pouvons pas en dire autant du mois d'août et du mois de septembre qui ont été plutôt frais. Avec un ciel jamais pur, ces mois nous ont fourni un nombre de jours pluvieux qui dépasse tellement la normale pour le mois de septembre, qu'il faut remonter à l'année 1847 pour trouver une année ayant un mois de septembre comparable à celui de 1896. Enfin, le mois d'octobre a été encore plus humide.

Malgré tout, je ne pense pas que ces chutes d'eau aient produit de mauvais effets sur la croissance des légumes encore en terre. La longueur des racines en ce moment était suffisamment grande pour absorber l'azote du nitrate dans les couches profondes du sol. Les températures basses qui ont accompagné ces jours pluvieux ont été, à mon avis, plus nuisibles à la végétation qui a été, de ce fait, considérablement retardée.

Enfin, j'aurai l'occasion d'insister quelquefois encore sur les conditions météorologiques aux paragraphes particuliers consacrés à chaque espèce de légume.

II. Résultats culturaux

NAVETS

NUMÉROS et ORDRE des PARCELLES	RENDEMENT en poids	FUMURES et RÉCOLTES RAPPORTÉES A L'HECTARE	
		CORRESPONDANT aux parcelles	RENDEMENT en poids
	kilos		kilos
1re parcelle : Rien......	60	Rien...........	30.000
2e parcelle : 60k. terreau	61	30.000 k. terreau.	30.500
3e parcelle : 200gr nitrate	75	100 k. nitrate...	37.500
4e parcelle : 400gr nitrate	82	200 k. nitrate...	41.000
5e parcelle : 600gr nitrate	99	300 k. nitrate...	49.500

Variété : Navet de Milan.

Epoques des semis : 11 avril, 7 mai, 22 juillet.

Epandage de la deuxième dose de nitrate : 10 août.

Dimensions des parcelles : 8 m. × 2 m. 50 = 20 mètres carrés.

Récolte : 2 novembre.

OBSERVATIONS

SE RAPPORTANT A LA CULTURE, AUX ENGRAIS ET AUX RENDEMENTS

Les deux premiers semis ont été dévorés par les altises, malgré les soins dont ils ont été entourés. Tous les premiers semis ont eu le même sort dans la région. La variété cultivée étan éminemment hâtive, le 22 juillet était une époque à laquelle on pouvait reprendre avec succès les semis délaissés momentanément.

En retardant ainsi l'époque des semis, on pouvait craindre que la première dose de nitrate ne fût entraînée par les pluies; je ne pense pas qu'une pareille supposition puisse se soutenir en présence des rendements. Mais, lors même qu'il en aurait été ainsi, le nitrate serait remonté des couches profondes, par capillarité, ramené à la surface avec l'eau nécessaire pour couvrir les pertes dues à l'évaporation.

Le tableau montre que les rendements ont été convenables. Ce qu'il faut surtout remarquer, c'est que l'effet produit a été progressif, suivant les doses de nitrates données. A la dose de 300 kilos à l'hectare, on peut dire que le nitrate est encore d'un emploi avantageux dans la culture du navet, à moins que tout n'ait pas été utilisé, ce qui est difficile à constater.

RÉSULTATS
ENVISAGÉS AU POINT DE VUE PÉCUNIAIRE

Valeur du terreau : 1 mètre cube (450 kilos environ) 5 francs.

Valeur du nitrate : 22 fr. 80 les 100 kilos.

NAVETS A 8 FRANCS LES 100 KILOS

		Chiffres rapportés à l'hectare
1e parcelle :	60 kilos = 4 fr. 80	30.000 kilos = 2.400 fr.
2e —	61 — = 4 fr. 88	30.500 — = 2.440 fr.
3e —	75 — = 6 fr. »	37.500 — = 3.000 fr.
4e —	82 — = 6 fr. 56	41.000 — = 3.280 fr.
5e —	99 — = 7 fr. 92	49.000 — = 3.960 fr.

La chose qui frappe le plus en examinant ces chiffres, c'est que l'emploi du nitrate est avantageux dans les trois cas, c'est-à-dire suivant les doses progressives : 100, 200 et 300 kilos. Le nitrate comparé à la forte dose de terreau devient d'une application très économique. L'argent ne saurait être mieux placé.

Le prix de 8 francs les 100 kilos est un prix minimum. En culture maraîchère, les navets sont vendus par bottes. Les prix ainsi calculés auraient été plus élevés. Mais les navets se vendant aussi par 100 kilos, j'ai préféré établir les calculs suivant cette donnée.

NOTA

Les racines n'ont pas été comptées, mais l'éclaircissage ayant été fait avec soin, le même nombre existait dans les parcelles, à 10 racines près.

ÉPINARDS

NUMÉROS et ORDRE des PARCELLES	RENDEMENT en poids	FUMURES et RÉCOLTES RAPPORTÉES A L'HECTARE	
		CORRESPONDANT aux parcelles	RENDEMENT en poids
	kilos		kilos
1re parcelle : Rien.	9	Rien.	4.500
2e parcelle : 60 k. terreau	10	30.000 k. terreau	5.000
3e parcelle : 200gr nitrate	16	100 k. nitrate. . .	8.000
4e parcelle : 400gr nitrate	18.100	200 k. nitrate. . .	9.050
5e parcelle : 600gr nitrate	20.300	300 k. nitrate. . .	10.150

Variété : Épinard monstrueux de Viroflay.

Dimensions des parcelles : 8 m. × 2 m. 50 = 20 mètres carrés.

Epoques des semis : 20 mars, 10 mai.

Espacement des lignes : 0 m. 25.

Quantité de graines semées : 1,000 grammes (200 grammes par parcelle).

Epandage de la deuxième dose de nitrate : 8 juin.

Récolte : 26 juin.

OBSERVATIONS

SE RAPPORTANT A LA CULTURE, AUX ENGRAIS ET AUX RENDEMENTS

Le premier semis d'épinard a été très irrégulier. Voyant cela, je n'ai pas hésité à supprimer le tout afin que la comparaison fût possible.

Les épinards des planches nitratées se sont montrés toujours plus vigoureux pendant toute la végétation ; le vert des feuilles était beaucoup plus foncé et celles-ci étaient plus larges. Par contre, la germination des graines des parcelles qui n'avaient pas reçu de nitrate s'est faite plus régulièrement et plus rapidement. La plus régulière a été la parcelle terreau.

A vrai dire, l'époque du 8 juin est un peu tardive — ou trop hâtive — pour semer des épinards ; semés dans ce mois, ils montent rapidement à graines. A ce propos, je tiens à faire remarquer que la récolte aurait pu être retardée de 5 à 6 jours sur les parcelles nitratées, si le développement des tiges florales ne s'était pas manifesté inopinément sur les parcelles *témoin* et *terreau*. C'est un avantage à ajouter encore à l'actif du nitrate : il donne une plus grande puissance à la végétation.

La deuxième dose de nitrate ayant été épandue le 8 juin, les épinards n'ont pu l'utiliser entièrement. C'est ce que prouve la deuxième récolte de choux faite sur ces mêmes parcelles. (Voir le tableau s'y rapportant.)

RÉSULTATS

ENVISAGÉS AU POINT DE VUE PÉCUNIAIRE

Valeur du terreau : 1 mètre cube (450 kilos environ) 5 francs.

Valeur du nitrate : 22 fr. 80 les 100 kilos.

FEUILLES D'ÉPINARDS A 25 FRANCS LES 100 KILOS

		Chiffres rapportés à l'hectare
1e parcelle	: 9 kilos = 2 fr. 25	4.500 kilos = 1.125 fr.
2e —	10 — = 2 fr. 50	5.000 — = 1.250 fr.
3e —	16 — = 4 fr. »	8.000 — = 2.000 fr.
4e —	18 kil. 1 = 4 fr. 52	9.050 — = 2.260 fr.
5e —	20 kil. 3 = 5 fr. »	10.150 — = 2.500 fr.

Les feuilles des épinards ne sont pas d'un prix très élevé ; cependant, à 25 centimes le kilo, c'est encore un légume qui est considéré comme cher à cette époque.

Très certainement, l'épinard cultivé à une autre saison aurait pu fournir très bien un tiers de plus de feuilles, surtout si l'on considère la quantité de graines semées.

La culture de l'épinard est d'autant plus rémunératrice, que la dose de nitrate a été plus élevée.

CHOUX MILAN DES VERTUS

APRÈS ÉPINARD

NUMÉROS et ORDRE des PARCELLES	NOMBRE DE CHOUX par parcelles	RENDEMENTS en poids	FUMURES et RÉCOLTES RAPPORTÉES A L'HECTARE		
			CORRESPONDANT aux parcelles	NOMBRE de choux	RENDEMENTS en poids
		kilos			kilos
1e parcelle : Rien........	80	108	Rien.........	40.000	54.000
2e parcelle : 60 k. terreau	80	99	30.000 k. terreau	40.000	49.500
3e parcelle : 200 gr. nitrate	80	115	100 k. nitrate	40.000	57.500
4e parcelle : 400 gr. nitrate	80	134	200 k. nitrate	40.000	67.000
5e parcelle : 600 gr. nitrate	80	150	300 k. nitrate	40.000	75.000

Variété : Chou Milan des Vertus.
Dimensions des parcelles : 8 m. × 2 m. 50.
Epoque de la plantation : 6 juillet.
Espacement des lignes et entre les lignes : 0 m. 50 × 0 m. 50.
Récolte : 8 novembre.

Il est bien entendu qu'il n'y a pas eu de nitrate appliqué directement à cette culture. Il avait été donné aux épinards (voir plus haut). Si je mentionne les doses des parcelles, c'est pour montrer simplement les rendements correspondants à celles-ci.

RÉSULTATS

ENVISAGÉS AU POINT DE VUE PÉCUNIAIRE

CHOUX A 4 FRANCS LES 100 KILOS

		Chiffres rapportés à l'hectare
1re parcelle :	108 kilos = 4 fr. 30	54.000 kilos = 2.150 fr.
2e —	99 — = 3 fr. 95	49.500 — = 1.975 fr.
3e —	115 — = 4 fr. 60	57.500 — = 2.300 fr.
4e —	134 — = 5 fr. 35	67.000 — = 2.675 fr.
5e —	150 — = 6 fr. »	75.000 — = 3.000 fr.

Il ne faut pas perdre de vue, que les rendements après *trois cultures différentes* (1) se suivent de trop près pour que je n'attribue pas aux chiffres qu'ils fournissent une très grande importance.

Il est donc établi, il est hors de doute, que la quantité de nitrate employée pour les épinards, radis, romaines, a été très imparfaitement utilisée par ces récoltes ; ce qui en restait a été capable d'élever les rendements en choux d'une façon vraiment remarquable.

J'ajoute qu'il est tombé depuis le mois de juin jusqu'à la récolte plus de 259 m/m d'eau !

N'y aurait-il pas avantage, par exemple, au point de vue pratique, à appliquer le nitrate de façon qu'il n'en restât pas de telles quantités après les récoltes ?

---

(1) Voir choux après radis et romaines.

Pour mon compte, je le crois. Il serait plus économique que le nitrate appliqué fût utilisé par la première culture, par celle à laquelle le nitrate était destiné.

CAROTTES

NUMÉROS et ORDRE des PARCELLES	RENDEMENT en poids	FUMURES et RÉCOLTES RAPPORTÉES A L'HECTARE	
		CORRESPONDANT aux parcelles	RENDEMENT en poids
	Kilos		Kilos
1e parcelle : Rien.......	102	Rien...........	51.000
2e parcelle : 60 k. terreau	99	30.000 k. terreau	49.500
3e parcelle : 200 gr nitrate	119	100 k. nitrate...	59.500
4e parcelle : 400 gr nitrate	145	200 k. nitrate...	72.500
5e parcelle : 600 gr nitrate	149	300 k. nitrate...	74.500

Variété : Carotte obtuse de Guérande.
Dimensions des parcelles : 11 m. × 1 m. 82.
Epoques des semis : 20 mars, 18 mai.
Espacement des lignes : 0 m. 18.
Epandage de la deuxième dose de nitrate : 8 juillet.
Récolte : 20 septembre.

OBSERVATIONS
SE RAPPORTANT A LA CULTURE, AUX ENGRAIS ET AUX RENDEMENTS

Les vents des mois de mars-avril ont entravé la germination des graines. Il faut encore y ajouter l'action défavorable de la faible température *moyenne* du mois d'avril (8° 51). Beaucoup de manques s'étant produits, j'ai fait recommencer les semis.

Après l'éclaircissage, il y avait environ 15 carottes par *mètre courant*. La germination des graines des parcelles nitratées s'est effectuée avec cinq jours de retard. Ensuite, elles ont pris le dessus progressivement et l'ont toujours conservé. La vigueur s'est encore accrue après l'épandage de la 2e dose de nitrate ; le feuillage est devenu alors d'un vert qui contrastait énormément avec celui des carottes des parcelles non nitratées.

Il est assez difficile de contrôler si tout le nitrate a été utilisé. Ce qu'il y a de certain, c'est que toutes les doses ont produit un effet très marqué.

Au cas où ces rendements pourraient paraître exagérés, je dois faire remarquer que la carotte *obtuse de Guérande* est une variété, qui, bien que hâtive, peut prendre de fortes dimensions. Toutes les plantes étaient belles en général. Je ne m'explique pas pourquoi la parcelle avec terreau a produit moins que la parcelle témoin.

RÉSULTATS

ENVISAGÉS AU POINT DE VUE PÉCUNIAIRE

Valeur du terreau : 1 mètre cube (450 kilos environ) 5 francs.

Valeur du nitrate : 22 fr. 80 les 100 kilos.

CAROTTES A 8 FRANCS LES 100 KILOS

			Chiffres rapportés à l'hectare
1e parcelle :	102 kilos =	8 fr. 16	51.000 kilos = 4.080 fr.
2e —	99 — =	7 fr. 92	49.500 — = 3.960 fr.
3e —	119 — =	9 fr. 52	59.500 — = 4.760 fr.
4e —	145 — =	11 fr. 60	72.500 — = 5.800 fr.
5e —	149 — =	11 fr. 84	74.500 — = 5.920 fr.

Le rendement de la parcelle avec terreau étant inférieur à la parcelle témoin, il en résulte une perte assez forte si l'on considère le prix du terreau et la main-d'œuvre que nécessite son transport et son épandage, frais qui sont plus considérables que ceux qu'occasionne le nitrate.

Je dois faire remarquer que les carottes potagères se vendent principalement à la *botte* et qu'elles auraient, dans ces conditions, atteint de plus hauts prix, bien que ceux-ci soient déjà assez rémunérateurs.

POIREAUX

NUMÉROS et ORDRE des PARCELLES	RENDEMENT en poids	FUMURES et RÉCOLTES RAPPORTÉES A L'HECTARE	
		CORRESPONDANT aux parcelles	RENDEMENT en poids
	Kilos		Kilos
1e parcelle: Rien.......	110	Rien............	55.000
2e parcelle: 60k. terreau	113	30.000 k. terreau	56.500
3e parcelle: 200gr nitrate	135	100 k. nitrate...	67.500
4e parcelle: 400gr nitrate	120	200 k. nitrate...	60.000
5e parcelle: 600gr nitrate	108	300 k. nitrate...	54.000

Variété : Poireau monstrueux de Carentan.

Dimensions des parcelles : 11 m. × 1 m. 82 = 20 mètres carrés.

Epoque de plantation : 8 juin.

Espacement des lignes : 0 m. 18.

Epandage de la deuxième dose de nitrate : 18 juillet.

Récolte : 9 novembre.

OBSERVATIONS

SE RAPPORTANT A LA CULTURE, AUX ENGRAIS ET AUX RENDEMENTS

Je dois faire remarquer, tout d'abord, que les surfaces consacrées aux poireaux étaient destinées à des oignons. Le semis en avait été fait le 20 mars, mais la mauvaise période du mois d'avril l'a complètement fait manquer. Pour le remplacer, j'avais espéré *planter* des oignons, seulement, comme les semis de cette plante avaient manqué un peu partout, je n'ai pu me procurer de *replants.*

4,500 poireaux ont été plantés à raison de 900 par parcelle.

Ces expériences demandent quelques explications. La colonne réservée aux rendements montre que le nitrate employé aux doses de 200 et 300 kilos a abaissé le poids de la récolte. A quoi peut bien être attribué une semblable diminution? A mon avis, elle doit être imputée à une action nocive sur les racines, après application *de la deuxième dose de nitrate*, car vingt jours après son application la vigueur des quatrième et cinquième parcelles a sensiblement diminué; cet effet était visible à l'œil. L'action, toutefois, ne s'est pas produite sur la troisième parcelle (100 kilos) qui est restée toujours la plus vigoureuse. J'insiste sur l'hypothèse que j'émets, que le nitrate ne doit pas être appliqué en couverture dans ce cas, puisque 20 jours après on voyait que le feuillage avait été affecté. C'est moi-même qui ai appliqué toutes les doses de nitrate et j'ai toujours bien pris garde de n'en pas projeter sur les feuilles.

RÉSULTATS
ENVISAGÉS AU POINT DE VUE PÉCUNIAIRE

Valeur du terreau : 1 mètre cube (450 kilos environ), 5 francs.

Valeur du nitrate : 22 fr. 80 les 100 kilos.

POIREAUX A 0 FR. 15 LE KILO

		Chiffres rapportés à l'hectare
1e parcelle :	110 kilos = 16 fr. 50	55.000 kilos = 8.250 fr.
2e —	113 — = 16 fr. 95	56.500 — = 8.475 fr.
3e —	135 — = 20 fr. 25	57.500 — = 10.125 fr.
4e —	120 — = 18 fr. »	60.000 — = 9.000 fr.
5e —	108 — = 16 fr. 20	54.000 — = 8.100 fr.

Il est très rare de voir les poireaux se vendre au poids : ils sont vendus sur les marchés à la botte de 3, 4, 5 poireaux, suivant la grosseur. J'ai cherché cependant à établir un prix, suivant le poids de ces plantes et j'ai trouvé, en prenant les petits, qui n'ont pas la même valeur marchande, les moyens et les gros, que le prix de 0 fr. 15 ne pouvait pas être taxé d'exagération.

Si dans tous les cas le nitrate produisait le même effet, des applications de 200, 300 kilos seraient désavantageuses. A mon avis, appliquées au moment du labour, les doses auraient agi avantageusement

BETTERAVES

NUMÉROS et ORDRE des PARCELLES	RENDEMENTS en poids	FUMURES et RÉCOLTES RAPPORTÉES A L'HECTARE	
		CORRESPONDANT aux parcelles	RENDEMENT en poids
	Kilos		Kilos
1re parcelle: Rien.......	61,800	Rien............	30.900
2e parcelle: 60 k. terreau	67	30.000 k. terreau	33.500
3e parcelle: 200gr nitrate	80	100 k. nitrate...	40.000
4e parcelle: 400gr nitrate	95	200 k. nitrate...	47.500
5e parcelle: 600gr nitrate	105	300 k. nitrate...	52.500

Variété : Rouge parisienne.
Dimensions des parcelles : 11 m. × 1 m. 82.
Epoques des semis : 11 avril, 18 mai.
Espacement des lignes et dans les lignes : 9 lignes par parcelles (à 0 m. 20), 7 betteraves par mètre courant.
Epandage de la deuxième dose de nitrate : 8 juillet.
Récolte : 25 octobre.

OBSERVATIONS

SE RAPPORTANT A LA CULTURE, AUX ENGRAIS ET AUX RENDEMENTS

Le premier semis exécuté le 11 avril a très mal réussi, par suite des conditions atmosphériques défavorables. L'inégalité des betteraves dans les parcelles m'a engagé à le recommencer.

Les betteraves potagères étant toujours plus hâtives que les variétés fourragères, l'époque du 18 mai permettait d'espérer encore une bonne récolte.

L'éclaircissage a été fait avec beaucoup de soins. Cette opération terminée, chaque parcelle renfermait à peu près le même nombre de betteraves, environ 7 betteraves par mètre, 77 betteraves par ligne : 77 × 9 = 693 betteraves par parcelle.

Quelques personnes pourraient trouver exagéré ce nombre de betteraves par parcelle, il n'en est rien. Cette variété a des dimensions très réduites et son feuillage, très rouge, n'est pas abondant.

Toutes les doses de nitrate ont influencé les rendements de cette plante. Malgré cela, je doute que tout l'azote du nitrate ait été utilisé ; je crois que, pour toutes les plantes, l'azote est surtout utile dans les premières phases de la végétation.

RÉSULTATS

ENVISAGÉS AU POINT DE VUE PÉCUNIAIRE

Valeur du terreau : 1 mètre cube (450 kilos environ), 5 francs.

Valeur du nitrate : 22 fr. 80 les 100 kilos.

BETTERAVES A 0 FR. 10 LE KILO

			Chiffres rapportés à l'hectare	
1e parcelle :	61 kil. 8 =	6 fr. 18	30.900 kilos =	3.090 fr.
2e —	67 — » =	6 fr. 70	33.500 — =	3.350 fr.
3e —	80 — » =	8 fr. »	40.000 — =	4.000 fr.
4e —	95 — » =	9 fr. 50	47.500 — =	4.750 fr.
5e —	105 — » =	10 fr. 50	52.500 — =	5.250 fr.

L'influence du nitrate sur le rendement de la betterave est rendue manifeste par les résultats. Il me semble que les rendements auraient été plus élevés si le premier semis avait réussi.

RADIS

NUMÉROS et ORDRE des PARCELLES	POIDS de la récolte	NOMBRE DE BOTTES récoltées	NOMBRE DE RACINES à la botte	FUMURES et RÉCOLTES RAPPORTÉES A L'HECTARE CORRESPONDANT aux parcelles	POIDS	NOMBRE de bottes
	kilos				kilos	
1re parcelle : Rien........	13.500	27	40	Rien.........	6.750	13.500
2e parcelle : 60 k. terreau.	15,850	30	40	30.000 k. terreau	7.925	15.000
3e parcelle : 200 gr. nitrate	28,700	53	30	100 k. nitrate	14.350	26.500
4e parcelle : 400 gr. nitrate	33,700	61	30	200 k. nitrate	16.850	30.500
5e parcelle : 600 gr. nitrate	37,200	64	30	300 k. nitrate	18.600	32.000

Variété : Radis rond rose.

Dimensions des parcelles : 12 m. × 1 m. 70 = 20 mètres carrés.

Epoques des semis : 11 avril, 11 mai.

Quantité de graines semées : 100 gr. par parcelle.

Epandage du nitrate : Les deux doses ont été appliquées en une fois : le 11 avril.

Récolte : 19 juin.

OBSERVATIONS
SE RAPPORTANT A LA CULTURE, AUX ENGRAIS ET AUX RENDEMENTS

Les expériences entreprises sur les radis sont extrêmement intéressantes et méritent qu'on s'y arrête. On remarque, par exemple, que la parcelle à 400 grammes de nitrate a fourni un rendement plus que double de celle fumée avec 60 kilos de terreau et que les doses de nitrate ont toutes agi d'une façon vraiment remarquable. La végétation des parcelles nitratées a été particulièrement uniforme et la germination s'est effectuée avec plus d'ensemble. La différence était tellement frappante à l'œil que je n'ai pas hésité à faire botteler et compter les racines pour que les résultats ne pussent donner lieu à aucune critique. Les parcelles nitratées ont été même légèrement éclaircies par endroits, ce qui ne s'est pas présenté pour les parcelles non nitratées. Bien mieux, la parcelle n° 1 a eu un nombre de racines égal à 8 bottes et la deuxième parcelle un nombre de racines égal à 10 bottes, qui n'ont pu être utilisées, les racines étant insuffisamment développées. Il n'est pas possible d'admettre que les racines n'ont pas eu le temps de se former car, si les radis n'avaient pas été cultivés en vue d'expériences, trente jours après le semis on aurait pu faire la récolte et alors le nombre de racines non utilisées eût été autrement important. Comme rendement, les parcelles nitratées y auraient gagné. Il ne faut pas oublier que les radis sont des plantes à végétation rapide et que la récolte a été faite *quarante et un jours* après le semis. Comment se fait-il alors que les radis ont eu à leur disposition l'azote du nitrate dans des conditions aussi favorables pour donner de semblables résultats ? Je vais tâcher d'en fournir l'explication :

Le 11 avril, le premier semis de radis a été exécuté, mais les altises étaient tellement nombreuses, les hâles tellement forts, que, pour lutter contre ces ennemis, je faisais donner de fréquents arrosages tous les jours. Ces arrosages ont duré huit jours; malgré cela, les radis ont été dévorés. L'irrégularité était telle que j'ai dû recommencer le semis.

J'ai tout lieu de supposer qu'alors le nitrate s'est trouvé dans de meilleures conditions pour être absorbé par les racines des radis dont les graines ont été semées le 9 mai. Entraîné peut-être à une certaine profondeur, il remontait par capilarité jusqu'aux racines qui l'absorbaient suivant leurs besoins. Toutefois, le nitrate n'a pas été complètement utilisé. Le tableau réservé aux choux cultivés sur ces mêmes parcelles est là pour le démontrer.

RÉSULTATS
ENVISAGÉS AU POINT DE VUE PÉCUNIAIRE

Valeur du terreau : 1 mètre cube (450 kilos environ), 5 francs.

Valeur du nitrate : 22 fr. 80, les 100 kilos.

RADIS A 0 FR. 05 LA BOTTE

			Chiffres rapportés à l'hectare	
1re parcelle :	27 bottes	= 1 fr. 35	13.500 bottes =	675 fr.
2e —	30 —	= 1 fr. 50	15.000 — =	750 fr.
3e —	53 —	= 2 fr. 65	26.500 — =	1.325 fr.
4e —	61 —	= 3 fr. 05	30.500 — =	1.525 fr.
5e —	64 —	= 3 fr. 20	32.000 — =	1.600 fr.

A propos de la valeur argent à laquelle nous estimons les rendements, il y a lieu de faire remarquer que les radis ne se cultivent *jamais* seuls en culture maraîchère; ils sont toujours associés à d'autres cultures qu'ils ne gênent aucunement, puisqu'ils sont enlevés rapidement. D'un autre côté, en consultant le tableau qui a été dressé par suite de la culture des choux après radis, il est aisé de reconnaître que ceux-ci ainsi cultivés permettent d'entreprendre après la récolte une autre culture très rémunératrice.

Le prix de 0 fr. 05 la botte, avec un nombre de racines de 30 et 40, n'est pas trop élevé.

Comparée au terreau, une dose de nitrate de 200 kilos à l'hectare fait doubler la valeur de la récolte.

CHOUX MILAN DES VERTUS

APRÈS RADIS

NUMÉROS et ORDRE des PARCELLES	NOMBRE DE CHOUX par parcelles	RENDEMENTS en poids	FUMURES et RÉCOLTES RAPPORTÉES A L'HECTARE		
			CORRESPONDANT aux parcelles	NOMBRE de choux	RENDEMENTS en poids
		kilos			kilos
1e parcelle : Rien.	76	105	Rien.........	38.000	52.500
2e parcelle : 60 k. terreau.	76	120	30.000k. terreau	38.000	60.000
3e parcelle : 200 gr. nitrate	76	145	100 k. nitrate	38.000	72.500
4e parcelle ; 400 gr. nitrate	76	170,5	200 k. nitrate	38.000	85.250
5e parcelle : 600 gr. nitrate	76	180,5	300 k. nitrate	38.000	90.250

Variété : Chou Milan des Vertus.

Dimensions des parcelles : 12 m. × 1 m. 70.

Epoque de la plantation : 27 juin.

Espacement des lignes et entre les lignes : 0 m. 42 à 0 m. 43 × 0 m. 60.

Récolte : 3 novembre.

RÉSULTATS

ENVISAGÉS AU POINT DE VUE PÉCUNIAIRE

CHOUX A 4 FRANCS LES 100 KILOS

		Chiffres rapportés à l'hectare
1e parcelle :	105 kilos = 4 fr. 20	52.500 kilos = **2.100 fr.**
2e —	120 — = 4 fr. 80	60.000 — = **2.400 fr.**
3e —	145 — = 5 fr. 60	72.500 — = **2.800 fr.**
4e —	170 kil. 5 = 6 fr. 80	85.250 — = **3.400 fr.**
5e —	180 kil. 5 = 7 fr. 20	90.250 — = **3.600 fr.**

Les résultats consignés dans ces tableaux sont intéressants à plusieurs points de vue. Ils établissent que le nitrate de soude employé même à faible dose (100 kilos à l'hectare) sur les plantes ci-dessus n'est pas complètement utilisé par elles, que le surplus qui reste dans le sol est capable d'élever, d'une façon avantageuse, le rendement d'une deuxième culture succédant immédiatement à la première.

Puis, enfin, ces deuxièmes cultures viennent corroborer l'hypothèse que le nitrate de soude n'est pas, pendant la période activede végétation, entraîné définitivement dans le sous-sol et que, si, cependant, il disparaissait momentanément des couches superficielles, il peut encore y remonter par capillarité et y jouer un rôle des plus importants.

Je ne saurais trop appeler l'attention sur cette faculté qu'a le nitrate, grâce à l'eau profonde du sol ou du sous-sol, de se mettre une deuxième fois à la disposition des racines.

LAITUES ROMAINES

NUMÉROS et ORDRE des PARCELLES	NOMBRE DE LAITUES par parcelles	RENDEMENTS en poids	FUMURES et RÉCOLTES RAPPORTÉES A L'HECTARE: CORRESPONDANT aux parcelles	NOMBRE de laitues	RENDEMENTS en poids
		kilos			kilos
1e parcelle : Rien........	106	50,140	Rien.........	5.300	25.070
2e parcelle: 60k. terreau.	106	53,100	30.000k. terreau	5.300	26.550
3e parcelle: 200 gr. nitrate	106	63,058	100 k. nitrate	5.300	31.529
4e parcelle: 400 gr. nitrate	106	70,193	200 k. nitrate	5.300	35.096
5e parcelle: 600 gr. nitrate	106	74,220	300 k. nitrate	5.300	37.110

Variété : Romaine verte maraîchère.

Dimensions des parcelles : 12 m. $\times$ 1 m. 70 = 20 mètres carrés.

Epoque de plantation : 29 avril.

Espacement des lignes et entre les lignes : 4 lignes par parcelle à 0 m. 41 et 0 m. 42 dans les lignes.

Epandage de la deuxième dose de nitrate : 29 mai.

Récolte : 26 juin.

OBSERVATIONS

SE RAPPORTANT A LA CULTURE, AUX ENGRAIS ET AUX RENDEMENTS

Rien de particulier à signaler dans la culture des romaines, si ce n'est qu'elles ont eu à souffrir des vents du N.-E Je dois cependant faire remarquer que les parcelles *non nitratées* ont supporté plus difficilement les atteintes de la sécheresse pendant le mois de mai, tellement qu'elles étaient sur le point de montrer leur hampe florale, tandis que les parcelles nitratées auraient résisté 7 à 8 jours de plus. C'est même l'état dans lequel se trouvaient les deux premières qui m'ont déterminé à en faire la récolte. Très certainement, le retard que provoque le nitrate dans le développement des tiges florales serait particulièrement avantageux en culture maraîchère. Ce fait a été signalé pour l'épinard et le sera également pour les laitues. C'est un point sur lequel j'appelle l'attention des personnes qui liront ces lignes. Je tiens aussi à dire que les romaines n'étaient pas arrivées à leur grosseur maxima. Quant aux différentes doses de nitrates, elles ont été toutes avantageuses. Mais tout n'a pas été utilisé par les romaines. Les choux que j'ai fait cultiver après elles prouvent qu'une deuxième culture peut succéder avantageusement à ces plantes sur les parcelles ayant reçu 100, 200, 300 kilos de nitrate.

RÉSULTATS
ENVISAGÉS AU POINT DE VUE PÉCUNIAIRE

Valeur du terreau : 1 mètre cube (450 kilos. environ), 5 francs.

Valeur du nitrate : 22 fr. 80, les 100 kilos.

LAITUE ROMAINE A 0 FR. 05 (5 FRANCS LES 100 KILOS)

		Chiffres rapportés à l'hectare
1e parcelle :	50 kil. 140 = 2 fr. 50	25.070 kilos = 1.250 fr.
2e —	53 — 100 = 2 fr. 65	26.550 — = 1.325 fr.
3e —	63 — 058 = 3 fr. 15	31.529 — = 1.575 fr.
4e —	70 — 193 = 3 fr. 50	35.096 — = 1.750 fr.
5e —	74 — 220 = 3 fr. 70	37.110 — = 1.850 fr.

Il y a des années, suivant les saisons, où les romaines se vendent à des prix d'un bon marché extraordinaire, cette année par exemple. J'ai cherché à donner un prix par kilo à cette plante; en l'établissant à 0 fr. 05, je crois que je ne m'écarte pas beaucoup du prix auquel sont vendus, en pleine saison, les romaines à la douzaine, car c'est ainsi qu'elles se vendent en gros.

Je n'ai pas besoin d'ajouter que la romaine ne constitue jamais une culture *de fond*, l'emplacement est toujours occupé, après la récolte, par d'autres cultures.

La culture *après* romaines devient avantageuse autant que permet de le démontrer la récolte de choux qui leur a succédé. Je crois qu'il ne doit pas y avoir de doute à cet égard et tout est à l'avantage du nitrate.

CHOUX MILAN DES VERTUS

APRÈS ROMAINE

NUMÉROS et ORDRE des PARCELLES	NOMBRE DE CHOUX par parcelles	RENDEMENTS en poids	FUMURES et RÉCOLTES RAPPORTÉES A L'HECTARE		
			CORRESPONDANT aux parcelles	NOMBRE de choux	RENDEMENTS en poids
		kilos			kilos
1e parcelle : Rien	76	92	Rien	38.000	46.000
2e parcelle : 60 k. terreau	76	98	30.000 k. terreau	38.000	49.000
3e parcelle : 200 gr. nitrate	76	130	100 k. nitrate	38.000	65.000
4e parcelle : 400 gr. nitrate	76	141	200 k. nitrate	38.000	70.500
5e parcelle : 600 gr. nitrate	76	158	300 k. nitrate	38.000	79.000

Variété : Chou Milan des Vertus.
Dimensions des parcelles : 12 m. × 1 m. 70.
Epoque de la plantation : 27 juin.
Espacement des lignes et entre les lignes : 0 m. 42 à 0 m. 40 × 0 m. 60.
Récolte : 3 novembre.
(Même observation que précédemment pour le nitrate).

RÉSULTATS
ENVISAGÉS AU POINT DE VUE PÉCUNIAIRE

CHOUX A 4 FRANCS LES 100 KILOS

			Chiffres rapportés à l'hectare
1e parcelle :	92 kilos = 3 fr. 60		46.000 kilos = 1.800 fr.
2e	—	98 — = 4 fr. 10	49.000 — = 2.050 fr.
3e	—	130 — = 5 fr. 20	65.000 — = 2.600 fr.
4e	—	141 — = 5 fr. 65	70.500 — = 2.825 fr.
5e	—	158 — = 6 fr. 30	79.000 — = 3.150 fr.

CHICORÉES FRISÉES

NUMÉROS et ORDRE des PARCELLES	NOMBRE DE CHICORÉES par parcelles	RENDEMENTS en poids	FUMURES et RÉCOLTES RAPPORTÉES A L'HECTARE		
			CORRESPONDANT aux parcelles	NOMBRE de chicorées	RENDEMENTS en poids
		kilos			kilos
1e parcelle : Rien.......	136	35	Rien.........	68.000	17.500
2e parcelle : 60 k. terreau.	136	40	30.000k. terreau	68.000	20.000
3e parcelle : 200gr. nitrate	136	48	100 k. nitrate	68.000	24.000
4e parcelle : 400gr. nitrate	136	54	200 k. nitrate	68.000	27.000
5e parcelle : 600gr. nitrate	136	68	300 k. nitrate	68.000	34.000

Variété : Chicorée fine de Louviers.

Dimensions des parcelles : 12 m. × 1 m. 70 = 20 mètres carrés.

Epoque de plantation : 13 juin.

Espacement des lignes et entre les lignes : 0 m. 42 (4 lignes), 0 m. 35 entre les lignes.

Epandage de la deuxième dose de nitrate : 30 juin.

Récolte : 29 juillet.

OBSERVATIONS

SE RAPPORTANT A LA CULTURE, AUX ENGRAIS ET AUX RENDEMENTS

Les chicorées frisées de cette expérience ont été plantées dans d'excellentes conditions. Leur végétation n'a été marquée par rien d'anormal ; elles se sont développées régulièrement. A un examen superficiel, il était facile de remarquer que celles des parcelles nitratées avaient un feuillage plus *étoffé*. Mais quand on réfléchit à la date de l'application de la deuxième dose de nitrate et à celle de la récolte, on peut se demander si vraiment les chicorées ont eu le temps de l'utiliser. Il ne faut pas oublier que la chicorée est une plante qui se développe vite, et que, du 13 juin, il ne s'est écoulé qu'un mois et demi. Cette plante, comme bien d'autres, ne peut pas rester en terre trop longtemps après être arrivée à un certain développement, sans quoi elle *monterait* à graines. Et, à ce propos, j'ai à faire ici la remarque que j'ai déjà faite au sujet des épinards et romaines : les planches *non nitratées* commençaient deja à présenter quelques chicorées disposées à monter à graines. C'est un avantage à inscrire à l'actif du nitrate, car pas une ne s'est montrée avec de semblables dispositions dans les parcelles nitratées.

Le nitrate a produit de l'effet sur toutes les parcelles, et, malgré cela, je doute qu'il ait produit toute son action.

Après l'enlèvement des chicorées, j'avais fait semer des navets dans ces mêmes emplacements, mais ils ont été dévorés par les altises.

RÉSULTATS

ENVISAGÉS AU POINT DE VUE PÉCUNIAIRE

Valeur du terreau : 1 mètre cube (450 kilos environ), 5 francs.

Valeur du nitrate : 22 fr. 80 les 100 kilos.

CHICORÉES A 0 FR. 15 LE KIL. (15 FR. LES 100 KILOS)

		Chiffres rapportés à l'hectare
1e parcelle :	35 kilos = 5 fr. 25	17.500 kilos = 2.625 fr.
2e —	40 — = 6 fr. »	20.000 — = 3.000 fr.
3e —	48 — = 7 fr. 20	24.000 — = 3.600 fr.
4e —	54 — = 8 fr. 10	27.000 — = 4.050 fr.
5e —	68 — = 10 fr. 20	34.000 — = 5.100 fr.

Les rendements auxquels sont arrivés les chicorées n'ont pas un poids assez différent pour laisser supposer que toutes les doses de nitrate ont été utilisées.

Comme je l'ai fait remarquer, j'aurais voulu m'en assurer par un moyen indirect, malheureusement les altises m'en ont empêché : il n'en résulte pas moins que le nitrate est avantageux à employer, lors même qu'il serait appelé à ne pas donner de meilleurs résultats.

Le prix des chicorées au kilo ne doit pas être comparé à celui des romaines, il est toujours plus élevé ; c'est une salade de luxe.

CHOUX-FLEURS

NUMÉROS et ORDRE des PARCELES	NOMBRE de choux-fleurs par parcelles	RENDEMENTS en poids	FUMURES et RÉCOLTES RAPPORTÉES A L'HECTARE		
			CORRESPONDANT aux parcelles	NOMBRE de choux-fleurs	RENDEMENTS en poids
		kilos			kilos
1e parcelle : Rien........	60	45	Rien.........	30.000	22.500
2e parcelle : 60 k. terreau.	60	49	30.000 k. terreau	30.000	24.500
3e parcelle : 200 gr. nitrate	60	60	100 k. nitrate	30.000	30.000
4e parcelle : 400 gr. nitrate	60	75	200 k. nitrate	30.000	37.500
5e parcelle : 600 gr. nitrate	60	74	300 k. nitrate	30.000	37.000

Variété : Chou-fleur géant hâtif d'automne.

Dimensions des parcelles: 14 m. × 1 m. 43 = 20 mètres carrés

Epoques de plantation : 21 mai, 14 juillet.

Espacement des lignes et entre les lignes : 0 m. 47 (3 lignes), 0 m. 70 dans les lignes.

Epandage de la deuxième dose de nitrate : 10 août.

Récoltes : successives.

OBSERVATIONS

SE RAPPORTANT A LA CULTURE, AUX ENGRAIS ET AUX RENDEMENTS

Je dois faire remarquer tout d'abord que la variété plantée en premier lieu était le chou-fleur Lenormand à pied court. Mais les altises l'ont tellement attaqué qu'il n'était pas possible d'espérer son rétablissement; les feuilles étaient comme de la *dentelle*, tellement le parenchyme était dévoré. Il a été remplacé par le chou-fleur géant hâtif d'automne. C'est dommage que le mois d'août et surtout le mois de septembre n'aient pas été plus favorables à leur croissance ; les résultats auraient été mieux caractérisés, mais le temps a été si mauvais que la végétation a été paralysée.

Les choux-fleurs des parcelles nitratées possédaient un feuillage qui dénotait une grande vigueur. Les doses de nitrate ont toutes produit de l'effet, seulement je crois que la différence n'est pas assez sensible pour qu'on puisse affirmer que les doses de 200 et 300 kilos ont donné ce qu'on en pourrait attendre.

DÉCHETS

Les choux ont été pesés après avoir été débarrassés de leurs plus grandes feuilles, de la racine, d'une partie de la tige et les feuilles restantes coupées au niveau de la *pomme*. En un mot, ils ont été pesés tels qu'ils se trouvent sur les marchés, pour la vente. Ces suppressions ont produit un déchet que j'ai cru devoir peser *à part*. Il a donné :

1re parcelle : 26 kil. 500 ; 2e parcelle : 37 kilos ; 3e parcelle : 46 kilos ; 4e parcelle : 52 kilos ; 5e parcelle : 53 kilos.

RÉSULTATS

ENVISAGÉS AU POINT DE VUE PÉCUNIAIRE

Valeur du terreau : 1 mètre cube (450 kilos environ) 5 francs.

Valeur du nitrate : 22 fr. 80 les 100 kilos.

CHOUX-FLEURS A 0 FR. 15 LE KILO (15 FR. LES 100 KILOS)

				Chiffres rapportés à l'hectare		
1e parcelle :	45	kilos	= 6 fr. 75	22.500	kilos	= 3.375 fr.
2e —	49	—	= 7 fr. 35	24.500	—	= 3.675 fr.
3e —	60	—	= 9 fr. »	30.000	—	= 4.500 fr.
4e —	75	—	= 11 fr. 25	37.500	—	= 5.625 fr.
5e —	74	—	= 11 fr. 10	37.000	—	= 5.550 fr.

Les choux tels qu'ils sont appréciés ici ne le sont pas à leur juste valeur, à mon avis, car ils ne se vendent pas au poids. La vente a lieu par 13 (12) le 13e pour rien. Le prix de ces choux-fleurs ainsi vendus varie énormément, suivant la beauté des spécimens. Bien que les choux-fleurs aient été à un prix très bas cette année à Nancy, je considère le prix de 0 fr. 15 le kilo comme un prix ne pouvant pas être taxé d'exagération, c'est un minimum.

Il est facile de remarquer que l'emploi du nitrate de soude rend cette culture extrêmement lucrative par rapport à celui du terreau.

POMMES DE TERRE

NUMÉROS et ORDRE des PARCELLES	RENDEMENT en poids	FUMURES et RÉCOLTES RAPPORTÉES A L'HECTARE	
		CORRESPONDANT aux parcelles	RENDEMENT en poids
	Kilos		Kilos
1e parcelle : Rien.......	7	Rien............	3.500
2e parcelle : 60 k. terreau	7,500	30.000 k. terreau	3.750
3e parcelle : 200 gr nitrate	14	100 k. nitrate...	7.000
4e parcelle : 400 gr nitrate	18	200 k. nitrate...	9.000
5e parcelle : 600 gr nitrate	24	300 k. nitrate...	12.000

Variété : Royal Kidney, Royale, mais plus exactement *Royal ash-leaven Kidney*.

Dimensions des parcelles : 12 m. $\times$ 1 m. 70 = 20 mètres carrés.

Epoque de plantation : 21 avril.

Espacement des lignes et dans les lignes : 0 m. 56 (3 lignes) et 0 m. 40 (environ) entre les lignes.

Epandage de la deuxième dose de nitrate : 21 mai.

Récolte : 29 juillet. (Les pommes de terre étaient mûres depuis plus de dix jours lorsqu'elles ont été récoltées.)

OBSERVATIONS
SE RAPPORTANT A LA CULTURE, AUX ENGRAIS ET AUX RENDEMENTS

La variété *royale* est une variété recommandable à tous les points de vue pour la culture de primeurs en pleine terre. Les pommes de terre de plantation que je m'étais procurées étaient fort belles, germées et dans les meilleures conditions pour être mises en terre. J'ai fait mon possible pour établir un poids uniforme de tubercules de semence pour chaque parcelle. Les 80 tubercules de *chaque parcelle* pesaient environ 4 kilos. La plantation a été effectuée dans d'excellentes conditions, malheureusement les pommes de terre ont été atteintes par la gelée du 23 mai. Les tiges l'ont été à peine; il n'y avait vraiment que quelques feuilles atteintes sur chaque touffe, et, malgré cela, la végétation n'a plus avancé. Le 9 juin, voyant que les pommes de terre étaient languissantes, la sécheresse persistant toujours, je fis donner un arrosage pouvant représenter 100 litres par parcelle. Rien n'y fit. Très certainement, le nitrate n'a pas été entièrement utilisé, tant s'en faut. J'aurais voulu m'en rendre compte par une autre culture et, pour cela, j'avais fait planter des chicorées scaroles, malheureusement les 9 dizièmes ont été mangées par les vers gris (le ver de la noctuelle des moissons). Pourquoi les pommes de terre n'ont-elles pas repris de vigueur après cette gelée légère? A mon avis, c'est que nous avions affaire ici à des pommes de terre *hâtives* qui *approchaient* du terme de leur végétation. Si c'eût été des pommes de terre demi-hâtives, elles auraient eu le temps de reprendre de la vigueur.

Pour ce qui est du rendement, je le considère comme *absolument insuffisant*, pour n'importe quelle parcelle. Dans des conditions ordinaires, un rendement de 200 kilos à l'are n'est pas exagéré. Il est cependant bon de remarquer que le nitrate a produit de l'effet.

RÉSULTATS

ENVISAGÉS AU POINT DE VUE PÉCUNIAIRE

Valeur du terreau : 1 mètre cube (450 kilos environ) 5 francs.

Valeur du nitrate : 22 fr. 80 les 100 kilos.

PRIX DES POMMES DE TERRE : 14 FRANCS LES 100 KILOS

			Chiffres rapportés à l'hectare	
1re parcelle :	7 kilos	» = 0 fr. 98	3.500 kilos =	490 fr.
2e —	7 —	5 = 1 fr. 05	3.750 — =	525 fr.
3e —	14 —	» = 1 fr. 96	7.000 — =	980 fr.
4e —	18 —	» = 2 fr. 52	9.000 — =	1.260 fr.
5e —	24 —	» = 3 fr. 36	12.000 — =	1.680 fr.

Il est une chose qu'il ne faut pas perdre de vue et que ces chiffres nous montrent.

On voit que le rendement de la pomme de terre très compromis par la gelée donne des résultats dérisoires dans la 1re parcelle et la 2e parcelle (terreau). Malgré les conditions peu favorables, avec 300 kilos de nitrate, la culture devient beaucoup moins mauvaise. En année ordinaire, les pommes de terre en *culture maraîchère* sont toujours remplacées par d'autres plantes.

Quatorze francs les 100 kilos est un prix normal pour la saison et *pour cette variété*.

POMMES DE TERRE

NUMÉROS et ORDRE des PARCELLES	RENDEMENT en poids	FUMURES et RÉCOLTES RAPPORTÉES A L'HECTARE	
		CORRESPONDANT aux parcelles	RENDEMENT en poids
	Kilos		Kilos
1e parcelle : Rien.......	18	Rien...........	9.000
2e parcelle : 60 k. terreau	19	30.000 k. terreau	9.500
3e parcelle : 200 gr nitrate	40	100 k. nitrate...	20.000
4e parcelle : 400 gr nitrate	39	200 k. nitrate...	19.500
5e parcelle : 600 gr nitrate	42	300 k. nitrate...	21.000

Variété : Belle de Fontenay.

Dimensions des parcelles : 12 m. × 1 m. 70 = 20 mètre carrés.

Epoque de plantation : 21 avril.

Espacement des lignes et dans les lignes : 0 m. 56 (3 lignes) et 0 m. 46 entre les lignes.

Epandage de la deuxième dose de nitrate : 21 mai.

Récolte : 29 juillet. Les pommes de terres étaient mûres depuis plus de dix jours lorsqu'elles ont été récoltées.

OBSERVATIONS

SE RAPPORTANT A LA CULTURE, AUX ENGRAIS ET AUX RENDEMENTS

Les considérations que j'ai exposées à propos de la variété Royal Kidney me dispenseront d'entrer dans des détails concernant la *Belle de Fontenay*, car cette variété a subi les mêmes influences. Je veux seulement faire remarquer que la *Belle de Fontenay* qui est une variété relativement nouvelle a produit un rendement double de celui de la Royal Kidney. Malgré ces poids supérieurs, je considère ces rendements comme bien inférieurs à ce qu'ils devaient être dans des conditions normales.

80 tubercules du poids de 5 kil. 160 avaient été plantés dans chaque parcelle; ils étaient magnifiques et possédaient de beaux germes.

RÉSULTATS

ENVISAGÉS AU POINT DE VUE PÉCUNIAIRE

Valeur du terreau : 1 mètre cube (450 kilos environ), 5 francs.

Valeur du nitrate : 22 fr. 80 les 100 kilos.

POMMES DE TERRE A 14 FRANCS LES 100 KILOS

				Chiffres rapportés à l'hectare		
1e parcelle :	18 kilos	= 2 fr. 50		9.000 kilos	=	1.250 fr.
2e —	19 —	= 2 fr. 60		9.500 —	=	1.300 fr.
3e —	40 —	= 5 fr. 60		20.000 —	=	2.800 fr.
4e —	39 —	= 5 fr. 46		19.500 —	=	2.730 fr.
5e —	42 —	= 5 fr. 80		21.000 —	=	2.900 fr.

Au point de vue des bénéfices il est incontestable que la pomme de terre *Belle de Fontenay* a donné de bien meilleurs résultats que la *Royal Kidney*.

L'emploi du nitrate rend les écarts moins sensibles qu'ils ne l'auraient été après la gelée. C'est une chose digne de remarque que l'augmentation subite des bénéfices qui peuvent résulter (après de mauvaises conditions) de l'emploi du nitrate de soude.

La parcelle n° 4 a donné un rendement inférieur à la parcelle n° 3 probablement parce que les parcelles ont été plus atteintes par le froid.

La *Belle de Fontenay* a été estimée au même prix que la variété précédente. C'est une belle variété.

CHOU POMMÉ DE PRINTEMPS

NUMÉROS et ORDRE des PARCELLES	NOMBRE DE CHOUX par parcelles	RENDEMENTS en poids	FUMURES et RÉCOLTES RAPPORTÉES A L'HECTARE		
			CORRESPONDANT aux parcelles	NOMBRE de choux	RENDEMENTS en poids
		kilos			kilos
1e parcelle : Rien........	84	84,5	Rien.........	42.000	42.250
2e parcelle : 60 k. terreau.	84	88,5	30.000k. terreau	42.000	44.250
3e parcelle : 200gr. nitrate	84	99,5	100 k. nitrate	42.000	49.750
4e parcelle : 400gr. nitrate	84	116	200 k. nitrate	42.000	58.000
5e parcelle : 600gr. nitrate	84	128	300 k. nitrate	42.000	64.000

Variété : Chou très hâtif d'Étampes.

Dimension des parcelles : 14 m. × 1 m. 43 = 20 mètres carrés.

Époque de plantation : 21 mai.

Espacement des lignes et dans les lignes : 0 m. 47 entre les lignes et 0 m. 50 entre chaque chou dans les lignes.

Epandage de la deuxième dose de nitrate: 30 juin.

Récolte : 28 juillet.

OBSERVATIONS
SE RAPPORTANT A LA CULTURE, AUX ENGRAIS ET AUX RENDEMENTS

Je crois que personne jusqu'à présent n'a contesté l'influence du nitrate de soude sur la végétation des choux. Appliqué sur les surfaces occupées par ces plantes, il a toujours produit une augmentation de vigueur. Mais ici, quand on réfléchit au temps qui s'est écoulé depuis la plantation, l'épandage de la deuxième dose de nitrate, jusqu'à la récolte, on peut penser que le temps n'est pas suffisamment long pour permettre à la plante d'en profiter. Connaissant la variété, les dimensions qu'elle peut atteindre, les rendements auraient dû être plus élevés. L'année n'a pas été favorable à la croissance des choux de printemps, cependant ceux des parcelles nitratées se sont maintenus toujours plus vigoureux. L'influence du nitrate est incontestable.

D'après les rendements, la dose de 300 kilos serait avantageuse.

Après les choux, j'avais essayé de cultiver des navets ; ils ont été dévorés par les altises.

RÉSULTATS
ENVISAGÉS AU POINT DE VUE PÉCUNIAIRE

Valeur du terreau : 1 mètre cube (450 kilos environ), 5 francs.

Valeur du nitrate : 22 fr. les 100 kilos.

CHOUX A 0 FR. 08 LE KILO (8 FRANCS LES 100 KILOS)

		Chiffres rapportés à l'hectare	
1e parcelle : 84 kilos	5 = 6 fr. 76	42.250 kilos	3.380 fr.
2e — 88 —	5 = 7 fr. 08	44.250 —	3.540 fr.
3e — 99 —	5 = 7 fr. 96	49.750 —	3.980 fr.
4e — 116 —	» = 9 fr. 28	58.000 —	4.640 fr.
5e — 128 —	» = 10 fr. 24	64.000 —	5.120 fr.

L'élévation du bénéfice par le seul emploi du nitrate aux doses de 200 et 300 kilos rend cet engrais bien supérieur au terreau à la dose de 30,000 kilos à l'hectare.

J'estime les choux de printemps à 8 francs les 100 kilos. Ce n'est pas un prix exagéré. Il ne faut pas les confondre avec les choux d'automne.

LAITUES D'ÉTÉ

NUMÉROS et ORDRE des PARCELLES	NOMBRE DE LAITUES par parcelles	RENDEMENTS en poids	FUMURES et RÉCOLTES RAPPORTÉES A L'HECTARE — CORRESPONDANT aux parcelles	NOMBRE de laitues	RENDEMENTS en poids
		kilos			kilos
1re parcelle : Rien.	154	19,280	Rien.	77.000	24.640
2e parcelle : 60 k. terreau.	154	52,360	30.000 k. terreau	77.000	26.180
3e parcelle : 200 gr. nitrate	154	64,680	100 k. nitrate	77.000	32.340
4e parcelle : 400 gr. nitrate	154	84,392	200 k. nitrate	77.000	42.196
5e parcelle : 600 gr. nitrate	154	89,320	300 k. nitrate	77.000	44.660

Variété : Laitue grosse brune paresseuse.

Dimension des parcelles : 14 m. × 1 m. 43 = 20 mètres carrés.

Espacement des lignes et dans les lignes : 4 lignes distancées entre elles à 0 m. 35 et les laitues les unes des autres à 0 m. 36.

Epandage de la deuxième dose de nitrate : 17 juin.

Récolte : 8 juillet.

OBSERVATIONS

SE RAPPORTANT A LA CULTURE, AUX ENGRAIS ET AUX RENDEMENTS

Une remarque que j'ai déjà faite pour d'autres cultures se présente ici pour la laitue. Il n'y a pas de doute, le nitrate retarde l'apparition des hampes florales. Les plantes des deux premières parcelles, peut-être d'avantage celles de la parcelle au terreau, y avaient de grandes dispositions. Les laitues des parcelles nitratées possédaient un feuillage plus vert, plus *étoffé*; elles auraient pu attendre quelques jours de plus la récolte. Le nitrate a agi dans les trois parcelles, mais n'a pas pu produire tout son effet. L'épandage du nitrate doit, à mon avis, précéder la plantation. J'avais fait semer des navets après laitues ; ils ont été dévorés par les altises. La végétation des laitues s'est comportée convenablement.

RÉSULTATS

ENVISAGÉS AU POINT DE VUE PÉCUNIAIRE

Valeur du terreau : 1 mètre cube (450 kilos environ), 5 francs.

Valeur du nitrate : 22 fr. 80 les 100 kilos.

LAITUE A 0 FR. 07 (7 FRANCS LES 100 KILOS)

Chiffres rapportés à l'hectare

1e parcelle :	49 kil. 280 = 3 fr. 45	24.640 kilos = 1.725 fr.
2e —	52 — 360 = 3 fr. 60	26.180 — = 1.800 fr.
3e —	64 — 680 = 4 fr. 50	32.340 — = 2.250 fr.
4e —	84 — 392 = 5 fr. 90	42.196 — = 2.950 fr.
5e —	89 — 320 = 6 fr. 25	44.660 — = 3.125 fr.

Les laitues comme les romaines sont quelquefois à un prix très bas. Les laitues ne se vendent pas au kilo. Cependant, puisqu'il s'agit d'établir un prix par 100 kilos, je crois que celui de 7 francs n'est pas trop élevé. Les laitues se vendent toujours à un prix supérieur à celui des romaines.

Les bénéfices progressent suivant la quantité de nitrate ajoutée au sol.

CÉLERIS RAVES

NUMÉROS et ORDRE des PARCELLES	NOMBRE DE CÉLERIS par parcelles	RENDEMENTS en poids	FUMURES et RÉCOLTES RAPPORTÉES A L'HECTARE		
			CORRESPONDANT aux parcelles	NOMBRE de céleris	RENDEMENTS en poids
		kilos			kilos
1re parcelle : Rien........	104	70	Rien.........	52.000	35.000
2e parcelle : 60 k. terreau.	104	90	30.000k. terreau	52.000	45.000
3e parcelle : 200 gr. nitrate	104	88	100 k. nitrate	52.000	44.000
4e parcelle : 400 gr. nitrate	104	82	200 k. nitrate	52.000	41.000
5e parcelle : 600 gr. nitrate	104	78	300 k. nitrate	52.000	39.000

Variété : Céleri de Prague.

Dimensions des parcelles : 12 m. × 1 m. 70 = 20 mètres carrés.

Epoque de plantation : 13 juin.

Espacement des lignes et dans les lignes : 4 lignes distancées entre elles à 0 m. 42 et les pieds de céleris à 0 m. 46 les uns des autres.

Epandage de la deuxième dose de nitrate : 25 juillet.

Récolte : 2 novembre.

OBSERVATIONS

SE RAPPORTANT A LA CULTURE, AUX ENGRAIS ET AUX RENDEMENTS

Je ferai remarquer que la plantation des céleris a été faite un peu tard : ils n'ont pu être confiés plus tôt à la terre, n'étant pas suffisamment forts. Bien qu'on fasse souvent des plantations de céleri à cette époque, celle-ci aurait gagné, je crois, à être exécutée plus tôt. La végétation n'a pas marché comme elle aurait dû dans toutes les parcelles.

L'emploi du nitrate a été funeste au rendement : c'est la seule plante dont le poids a été supérieur dans la parcelle au terreau. Le céleri rave est une plante rustique qui a un puissant système radiculaire.

A quoi peut bien être attribuée cette diminution de rendement ? Il faut se rappeler que le céleri est une *plante avide d'eau*. Il me semble que les aliments doivent lui parvenir *très dilués* ou bien les racines doivent les absorber, lorsqu'ils sont insolubles, *en présence de beaucoup d'eau*.

En définitive, pour moi, le nitrate appliqué en couverture ne trouvant pas suffisamment d'eau pour être entraîné dans toute la masse de la terre, s'est trouvé trop concentré et a nui au système radiculaire; je ne puis expliquer autrement les résultats constatés.

RÉSULTATS

ENVISAGÉS AU POINT DE VUE PÉCUNIAIRE

Valeur du terreau : 1 mètre cube (450 kilos environ), 5 francs.

Valeur du nitrate : 22 fr. 80 les 100 kilos.

CÉLERI A 0 FR. 07 LE KILO (7 FRANCS LES 100 KILOS)

			Chiffres rapportés à l'hectare		
1e parcelle :	70 kilos	= 4 fr. 90	35.000 kilos	=	2.450 fr.
2e —	90 —	= 6 fr. 30	45.000	—	= 3.150 fr.
3e —	88 —	= 6 fr. 16	44.000	—	= 3.075 fr.
4e —	82 —	= 5 fr. 74	41.000	—	= 2.870 fr.
5e —	78 —	= 5 fr. 45	39.000	—	= 2.725 fr.

Pas plus que beaucoup d'autres légumes, les céleris ne se vendent au poids. 7 francs les 100 kilos est un prix qui se rapporte assez à celui que les céleris obtiennent vendus à la douzaine.

L'emploi du nitrate ne ressort pas avec avantage de ces expériences. Il y aurait un déficit avec les doses 200 et 300 kilos.

CONCOMBRES

NUMÉROS et ORDRE des PARCELLES	NOMBRE de concombres fruits par parcelles	RENDEMENTS en poids	FUMURES et RÉCOLTES RAPPORTÉES A L'HECTARE — CORRESPONDANT aux parcelles	Nombre de concombres, fruit	RENDEMENTS en poids
		kilos			kilos
1re parcelle : Rien........	153	65	Rien.........	76.500	32.500
2e parcelle : 60 k. terreau.	193	86	30,000 k. terreau	96.500	43.000
3e parcelle : 200 gr. nitrate	190	96	100 k. nitrate	95.000	48.000
4e parcelle : 400 gr. nitrate	180	114	200 k. nitrate	90.000	57.000
5e parcelle : 600 gr. nitrate	210	122	300 k. nitrate	105000	61.000

Variété : Concombre blanc de Bonneuil.

Dimensions des parcelles : 12 m. × 1 m. 70 = 20 mètres carrés.

Epoque des semis : 25 mai.

Espacement des pieds entre les lignes et dans les lignes : 0 m. 50 entre chaque pied, une seule ligne au milieu des parcelles.

Epandage de la deuxième dose de nitrate : 8 juillet.

Récoltes : successives.

OBSERVATIONS

SE RAPPORTANT A LA CULTURE, AUX ENGRAIS ET AUX RENDEMENTS

Je dois faire remarquer que les *pieds* de concombre de chaque parcelle étaient doubles, c'est-à-dire qu'il y avait deux pieds à chaque emplacement ; c'est l'habitude des jardiniers et je ne la crois pas mauvaise. 24 pieds doubles (48 concombres) existaient sur chaque parcelle. Les concombres n'ont pas été plantés, ils ont été semés sur place. La parcelle témoin et la parcelle avec terreau étaient plus vigoureuses pendant tout le mois de juin ; les parcelles nitratées prirent ensuite le dessus au point que toutes les surfaces étaient couvertes par les ramifications qui allaient même rejoindre celles des autres.

Les doses 200 et 300 kilos ont particulièrement influé sur les rendements; l'utilité du nitrate est rendue ainsi manifeste.

Les récoltes ont été successives et il ne pouvait en être autrement. Si les concombres avaient été cultivés en vue de laisser les fruits arriver à leur grosseur normale, la production se serait arrêtée.

RÉSULTATS

ENVISAGÉS AU POINT DE VUE PÉCUNIAIRE

Valeur du terreau : 1 mètre cube (450 kilos environ), 5 francs.

Valeur du nitrate : 22 fr. 80 les 100 kilos.

6 FRANCS LES 100 KILOS

		Chiffres rapportés à l'hectare
1e parcelle :	65 kilos = 3 fr. 90	32.500 kilos = 1.950 fr.
2e —	86 — = 5 fr. 15	43.000 — = 2.575 fr.
3e —	96 — = 5 fr. 75	48.000 — = 2.875 fr.
4e —	114 — = 6 fr. 85	57.000 — = 3.425 fr.
5e —	122 — = 7 fr. 32	61.000 — = 3.660 fr.

Les bénéfices, dans la culture du concombre, ressortent d'autant plus avantageux que les doses de nitrate sont plus élevées. Cette plante paraît être très influencée par le nitrate.

Le prix de 6 francs les 100 kilos est un prix normal.

CARDONS

NUMÉROS et ORDRE des PARCELLES	NOMBRE DE CARDONS de parcelles	RENDEMENTS en poids	FUMURES et RÉCOLTES RAPPORTÉES A L'HECTARE CORRESPONDANT aux parcelles	NOMBRE de cardons	RENDEMENTS en poids
		kilos			kilos
1re parcelle : Rien........	25	124	Rien.........	12.500	62.000
2e parcelle : 60 k. terreau.	25	136	30.000 k. terreau	12.500	68.000
3e parcelle : 200 gr. nitrate	25	170	100 k. nitrate	12.500	85.000
4e parcelle : 400 gr. nitrate	25	126	200 k. nitrate	12.500	63.000
5e parcelle : 600 gr. nitrate	25	127	300 k. nitrate	12.500	63.500

Variété : Cardon de Tours.

Dimensions des parcelles : 12 m. × 1 m. 70 = 20 mètres carrés.

Epoque du semis : 25 mai.

Espacement entre les lignes et dans les lignes : 2 lignes de cardons placées à 0 m. 85 de chaque bord des parcelles : les cardons à 1 mètre les uns des autres dans les lignes.

Epandage de la deuxième dose de nitrate : 18 juillet.

Récolte : 13 novembre.

OBSERVATIONS

SE RAPPORTANT A LA CULTURE, AUX ENGRAIS ET AUX RENDEMENTS

Les cardons sont des plantes à végétation très lente jusqu'au mois d'août, les mois d'août et de septembre étant ceux pendant lesquels les cardons prennent surtout du développement. Cette particularité fait même que les maraîchers utilisent l'espace laissé libre entre les cardons pour cultiver quelques plantes et les récolter avant que les cardons puissent leur nuire.

La troisième parcelle à 100 kilos de nitrate a été celle qui a donné le plus fort rendement. C'est elle aussi qui a produit les cardons les plus régulièrement vigoureux.

Le laps de temps compris entre le semis et la récolte a laissé suffisamment de temps aux cardons pour utiliser le nitrate. La quatrième et la cinquième parcelles ont eu des rendements inférieurs à la deuxième et à la troisième ; à quoi cela tient-il ? Je ne sais s'il faut l'attribuer à un effet nuisible du nitrate de soude, appliqué en couverture sur les racines. Ce qu'il y a de certain, c'est que dans la quatrième et la cinquième parcelle il y avait de fort beaux cardons, mais ces spécimens étaient rares.

RÉSULTATS

ENVISAGÉS AU POINT DE VUE PÉCUNIAIRE

Valeur du terreau : 1 mètre cube (450 kilos environ), 5 francs.

Valeur du nitrate : 22 fr. 80 les 100 kilos.

CARDONS A 0 FR. 06 LE KILO (6 FRANCS LES 100 KILOS)

			Chiffres rapportés à l'hectare	
1e parcelle	124 kilos	7 fr. 40	62.000 kilos	3.720 fr.
2e —	136 —	8 fr. 15	68.000 —	4.075 fr.
3e —	170 —	10 fr. 20	85.000 —	5.100 fr.
4e —	126 —	7 fr. 55	63.000 —	3.775 fr.
5e —	127 —	7 fr. 60	63.500 —	3.800 fr.

Le prix des cardons est assez dificile à établir au poids. Ce sont des plantes qui se vendent à la pièce, 0 fr. 25, 0 fr. 30, 0 fr. 50, et suivant la grosseur des spécimens ; les petits cardons n'ont guère de valeur. De plus, tous les cardons se vendent après avoir été blanchis à l'obscurité. Le prix de 0 fr. 06 le kilo (6 francs les 100 kilos), *tout venant*, me paraît être convenable.

Le bénéfice *réalisé* par l'emploi de 100 kilos de nitrate est assez grand pour que l'attention soit portée sur les chiffres qui le justifient.

Ne pas oublier qu'on peut, en même temps, faire une autre culture.

CONCLUSION

Si nous faisons une exception pour le céleri rave, on peut dire que les tableaux que nous venons d'examiner font ressortir très nettement l'action du nitrate de soude. Elle a été telle que 100 kilos de nitrate de soude à l'hectare ont produit plus d'effet que 30,000 kilos de terreau de couche, dans la culture des légumes et dans les conditions où ont été faites les expériences. Nous laissons de côté les pommes de terre qui ont été gelées. Les résultats constatés sur les cardons et les poireaux ne sont pas très clairs, bien que l'avantage soit encore au nitrate.

D'un autre côté, les doses : 200, 300 kilos ont eu presque toujours un effet avantageux, c'est-à-dire qu'elles ont augmenté les rendements d'une façon qui rend lucratif l'emploi de ces doses.

Je le répète, le nitrate aurait donné, à mon avis, de bien meilleurs résultats s'il eût été appliqué au moment du labour ou mélangé intimement au sol à la fourche, mais ce labour et ce mélange précédant seulement de quelque temps la plantation ou le semis.

Si l'emploi du nitrate de soude mélangé au sol, comme le pratique depuis six ans M. L. Grandeau au parc des Princes, était admis comme plus avantageux que son épandage sur le sol, lorsque les plantes l'occupent et qu'elles sont en pleine végétation, l'application de celui-ci n'offrirait pas les difficultés qui y sont inhérentes et qui peuvent rebuter les maraichers. Il y a, en effet, des plantes qui sont tellement rapprochées les unes des autres qu'il est difficile de projeter ce sel sans que les feuilles en soient atteintes.

Tomblaine, le 8 décembre 1896.

INDEX

Paris. — Imprimerie C. Pariset, 101, rue Richelieu.

www.ingramcontent.com/pod-product-compliance
Lightning Source LLC
LaVergne TN
LVHW011956160826
845678LV00002B/567

9782329687841